NOTICE

SUR

DIVERS TRAVAUX DE CONSOLIDATION

DE

TERRAINS ÉBOULÉS

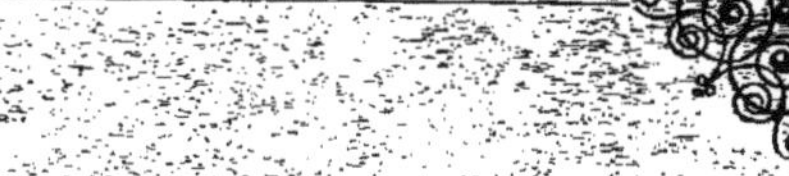

PAR

M. COMOY,

INSPECTEUR GÉNÉRAL DES PONTS ET CHAUSSÉES EN RETRAITE.

PARIS

DUNOD, ÉDITEUR,

LIBRAIRE DES CORPS NATIONAUX DES PONTS ET CHAUSSÉES, DES MINES,

ET DES TÉLÉGRAPHES,

Quai des Augustins, 49

1875

NOTICE

SUR

DIVERS TRAVAUX DE CONSOLIDATION

DE

TERRAINS ÉBOULÉS

Paris. — Imprimerie Arnous de Rivière et Cⁱᵉ, rue Racine, 26.

NOTICE

SUR

DIVERS TRAVAUX DE CONSOLIDATION

DE

TERRAINS ÉBOULÉS

PAR

M. COMOY,

INSPECTEUR GÉNÉRAL DES PONTS ET CHAUSSÉES EN RETRAITE.

PARIS

DUNOD, ÉDITEUR,

LIBRAIRE DES CORPS NATIONAUX DES PONTS ET CHAUSSÉES, DES MINES,

ET DES TÉLÉGRAPHES,

Quai des Augustins, 49

1875

NOTICE

SUR

DIVERS TRAVAUX DE CONSOLIDATION

DE

TERRAINS ÉBOULÉS

———

AVANT-PROPOS.

On a souvent à compter, dans les travaux publics, avec les éboulements de terrains. Il s'en produit dans les coteaux naturels aussi bien que dans les tranchées et les remblais.

Ces accidents arrivent principalement dans les terres où l'argile domine, et surtout lorsque les masses argileuses sont détrempées en quelques points par des eaux qui parviennent à s'y infiltrer.

Il est certains coteaux argileux que l'on ne peut pas entamer, même par une faible tranchée, sans y déterminer un mouvement qui s'étend parfois à de grandes distances. De pareils éboulements donnent souvent lieu aux plus graves perturbations. Les tranchées se comblent soit par la chute des talus, soit par le soulèvement du fond, et quelquefois les ouvrages sont entièrement bouleversés. Dans certaines localités les coteaux argileux sont dans de si mauvaises conditions qu'ils se mettent en mouvement, après les grandes pluies, même sans l'appel d'aucune tranchée, emportant avec eux routes, plantations et bâtiments. J'en citerai un exemple remarquable dans le cours de cette notice. Aussi, quand les ingénieurs rencontrent de pareils coteaux, dans la construction d'une voie de communication quelconque, s'empressent-ils de modifier le tracé de manière à les éviter si cela est possible; et c'est ce qu'ils ont de mieux à faire.

Il n'est pas nécessaire que les coteaux argileux se trouvent dans les conditions extrêmes dont je viens de parler pour qu'il se produise des éboulements dans les talus des tranchées que l'on y pratique. Ces derniers accidents sont même les plus fréquents.

De semblables éboulements ont également lieu dans les talus des grands remblais formés de terres argileuses. On éviterait ces derniers accidents, en grande partie du moins, si l'on composait ces remblais de couches horizontales de terres fortement battues, en séparant, quand cela est possible, les couches argileuses par des remblais d'autre nature, pierreux ou graveleux. Mais ce mode d'établissement des remblais conduit à d'assez fortes dépenses, et pour ce motif sans doute, il est rarement employé. Dans beaucoup de travaux, et notamment dans la construction des chemins de fer, les remblais sont faits d'une seule coulée, sur leur hauteur totale. Avec de pareils remblais il faut s'attendre aux éboulements de talus, quand les terres qui les composent sont principalement argileuses.

Je n'ai pas besoin d'ajouter que ce dernier mode de construction des remblais serait absolument inadmissible dans les ouvrages des canaux. La destination de ces ouvrages exige des soins de construction particuliers qui rendent les glissements de talus beaucoup plus rares. Il s'en produit cependant encore dans certaines digues des canaux et des réservoirs, lorsque les terres employées en remblais ne présentent pas les qualités nécessaires, ou que leur battage a été insuffisant.

On doit donc s'attendre à ce que, soit par les causes naturelles, soit par l'imperfection des méthodes de construction, des éboulements continueront à se produire dans les terres argileuses, et les ingénieurs auront toujours à réparer.

L'étude des procédés à employer pour faire de bonnes réparations et empêcher les accidents de se renouveler a donc une réelle importance.

J'ai eu l'occasion, dans ma carrière d'ingénieur, d'observer un certain nombre d'accidents de cette nature, arrivés dans des circonstances variées. Différents procédés ont été employés pour les réparer; et si les uns et les autres ont donné des résultats satisfaisants, ils ne l'ont pas toujours fait avec la même facilité et la même modération dans les dépenses.

J'ai pensé qu'il pourrait être utile de réunir ces observations dans une notice qui mettrait à même de comparer les divers procédés employés.

Voici l'indication des accidents que je décris dans cette notice :

1° Éboulements du coteau de rive droite de l'Allier, en amont de Vichy;

2° Éboulement du coteau d'Avrilly, au canal de Roanne à Digoin;

3° Éboulement du coteau de la Négresse, au chemin de fer de Bayonne à Irun;

4° Éboulements de talus en déblais et en remblais, au chemin de fer de Paris à Lyon et à la Méditerranée;

5° Éboulements dans la tranchée de Bréval, au chemin de fer de Paris à Cherbourg;

6° Éboulements du talus intérieur de la digue du réservoir de Cercey, au canal de Bourgogne;

7° Éboulements du talus intérieur de la digue du réservoir de Torcy au canal du Centre.

Le premier chapitre de cette notice sera consacré à la description des accidents que je viens d'énumérer et des ouvrages de réparation auxquels ils ont donné lieu.

Dans le deuxième chapitre, je présenterai quelques observations sur les ouvrages décrits au premier chapitre et j'indiquerai les règles pratiques que l'on peut en déduire.

Pour réunir les éléments de ce travail, j'ai dû m'adresser aux ingénieurs de l'État et des compagnies de chemin de fer, dans les services desquels les accidents ont eu lieu. Ils ont tous répondu avec empressement à mes demandes, et m'ont communiqué, avec la plus parfaite obligeance, les documents qu'ils possédaient. Je tiens à leur en témoigner ici toute ma gratitude.

CHAPITRE PREMIER.

DESCRIPTION DES TRAVAUX DE RÉPARATION DE DIVERS ÉBOULEMENTS SURVENUS DANS DES TERRAINS ARGILEUX.

---

§ 1ᵉʳ. — Éboulements du coteau de la rive droite de l'Allier, en amont de Vichy.

Le coteau de la rive droite de l'Allier, en amont de Vichy, est soumis de temps immémorial, sur environ 10 kilomètres de longueur, à des mouvements considérables qui se produisent surtout après les grandes pluies.

Ce coteau, d'environ 2,500 mètres de largeur et 200 mètres de hauteur, se compose de terrain tertiaire moyen qui repose sur des terrains primitifs et de transition. La ligne qui sépare, à la surface du sol, le terrain tertiaire moyen des terrains inférieurs coïncide à peu près, sur une grande partie de la longueur du coteau, avec le faîte situé entre la vallée de l'Allier et celle du Sichon (V. la carte, *fig.* 1, Pl. 18).

Le terrain tertiaire moyen plonge du côté de l'Allier et se retrouve sur la rive gauche, au fond des petits ruisseaux. Il est recouvert sur cette rive, soit par les alluvions de l'Allier, soit par le terrain tertiaire supérieur.

En se creusant son lit au fond de la vallée, l'Allier a découpé le terrain tertiaire moyen dont les couches supérieures forment les talus abrupts et assez élevés de la rive gauche.

Ces couches supérieures, inclinées dans le sens du coteau et non retenues à leur pied, se trouvent ainsi dans les plus mauvaises conditions sous le rapport de la stabilité; aussi sont-elles entièrement bouleversées. A la suite des pluies fortes et prolongées, ces terres argileuses se mettent en mouvement en nombre de points, emportant avec elles tout ce qui se trouve à la surface du sol. Le village d'Abrest a vu maintes fois son existence menacée, et quelques-unes des maisons les plus rapprochées de l'Allier sont déjà tombées dans le lit de cette rivière.

En 1856, après les pluies qui ont causé de si désastreuses inondations, les mouvements de ce coteau ont été très-considérables, et la route nationale nº 106, tracée parallèlement au cours de l'Allier, à moins de 1.000 mèt. de cette rivière, a été bouleversée sur une notable partie de sa longueur.

Il eût été tout à fait insuffisant de se borner à rétablir la route avec le relief qu'elle avait avant les éboulements. Ces rechargements auraient sans doute donné plus d'importance encore aux glissements de terrain. Les ingénieurs l'ont bien compris, et c'est aux glissements eux-mêmes qu'ils se sont d'abord attaqués. Ils n'ont rétabli la route qu'après l'exécution des travaux de consolidation du terrain.

Le glissement des terres argileuses qui forment la couche supérieure du coteau paraît s'être effectué partout sur les bancs de calcaire du terrain tertiaire moyen, qui se trouvent à une profondeur variant de 3 à 7 mètres.

Pour arrêter ces glissements, les ingénieurs ont pensé qu'il convenait de fractionner les masses mises en mouvement, de procurer un facile écoulement aux eaux intérieures des terres, et d'empêcher autant que possible les eaux qui s'écoulent à la surface du sol de pénétrer dans l'intérieur.

C'est dans cet esprit que les travaux de consolidation ont été conçus.

Le fractionnement des terres ébranlées a paru surtout une opération nécessaire. On a pensé qu'il serait très-difficile, sinon impossible, de s'opposer de front aux masses considérables de terres mises en mouvement, et que pour avoir quelque chance de réussite, il convenait de diviser ces masses de terre suivant les lignes de plus grande pente du coteau, sauf à agir sur chacune des masses partielles ainsi isolées les unes des autres, pour arrêter leur mouvement actuel ou pour prévenir des mouvements ultérieurs.

Comme moyen de division des masses de terre éboulées, on a employé des pierrées lorsque l'épaisseur de ces terres ne dépassait pas 4^m,5o ; au delà de cette profondeur on a substitué aux pierrées des galeries maçonnées munies de barbacanes pour soutirer les eaux intérieures.

Les pierrées ainsi que les galeries maçonnées procurent un facile écoulement à toutes les eaux qui pénètrent dans l'intérieur des terres.

On a complété l'assainissement soit par des fossés de ceinture établis en dehors des limites du glissement, soit par des travaux de drainage à la surface des terres éboulées.

Voici maintenant quelques détails sur l'exécution des travaux.

Au point M de la carte (*fig.* 1, Pl. 18) on a divisé la masse glissante en deux parties par des pierrées ayant ensemble 1γ0 mètres de longueur et par une galerie de 63^m,5o de longueur placée au point où les terres en mouvement ont la plus grande épaisseur. Tous ces ouvrages sont établis sur des bancs de calcaire. Autour de l'éboulement et en amont de la route n° 106, on a creusé des fossés de ceinture qui versent leurs eaux dans le fossé de la route.

Les *fig.* 2 et 3 (Pl. 18) montrent en plan et en profil les dispositions de ces ouvrages.

A 5oo mètres environ du glissement dont je viens de parler, au point N de la carte, il s'est fait un autre glissement ; et l'on a également partagé la masse des terres en mouvement en deux parties par une pierrée de 142 mètres de longueur qui repose, comme les ouvrages précédents, sur des bancs de calcaire. A son extrémité d'amont, cette pierrée a été bifurquée ainsi que le montre la *fig.* 4 (Pl. 18), et au-dessous de la route n° 106, on a soudé à la pierrée principale, une pierrée secondaire d'environ 38 mètres de longueur, destinée à assécher une partie des terres éboulées.

Plusieurs pierrées semblables dont les longueurs varient de 150 à 250 mètres ont été construites entre les points R et S de la carte, dans les divers glissements qui se sont produits.

Au point S, le glissement avait une plus grande largeur. On l'a divisé en plusieurs compartiments au moyen de quatre pierrées distantes entre elles d'environ 50 mètres et reliées en tête par une pierrée parallèle à la route n° 106.

L'épaisseur des pierrées a varié de 0^m,80 à 1^m,20 et leur hauteur de 1 à 3 mètres. La profondeur des fouilles a varié de 3 à 6 mètres.

Il résulte de là que les fouilles ouvertes n'ont pas été remplies de pierre sur toute leur hauteur. Il restait au-dessus de la face supérieure des pierrées un fossé vide de 2 à 3 mètres de profondeur.

On avait ouvert les fouilles des pierrées avec le consentement des propriétaires, mais sans acquérir les terrains occupés par ces ouvrages. Comme les terres de ce coteau ont une grande valeur, les propriétaires, pour rendre ces terrains à la culture, ont comblé les fossés qui étaient restés vides au-dessus des pierrées.

Il ne paraît pas que le comblement de ces fossés ait altéré le résultat obtenu par la construction des pierrées.

Ces travaux, exécutés de 1857 à 1862, ont occasionné une dépense totale d'environ 40.000 francs.

Les documents conservés ne font pas connaître la longueur totale des divers éboulements, mesurée le long de la route nationale n° 106. Je ne puis par conséquent faire ressortir ici la dépense moyenne par mètre courant, comme je l'ai fait pour les autres travaux décrits dans cette notice.

Toutefois la longueur totale des éboulements a certainement dépassé 400 mètres. La dépense serait donc restée inférieure à 100 francs par mètre courant.

Les travaux ont eu un succès complet. Aucun glissement ne s'est manifesté aux mêmes lieux depuis leur achèvement.

§ 2. — Éboulement du coteau d'Avrilly au canal de Roanne à Digoin.

Le coteau de la rive gauche de la Loire, élevé d'environ 30 mètres au-dessus du fond de la vallée, vient border le lit même du fleuve, sur environ 300 mètres de longueur, vers le village d'Avrilly.

Lorsque l'on a construit le canal de Roanne à Digoin, établi sur la même rive gauche de la Loire, on a eu à traverser en ce point un terrain très-tourmenté provenant d'éboulements, suivant toute apparence, très-anciens, et en dernier lieu d'un éboulement survenu en 1825.

On a placé le canal le plus près possible de la rive du fleuve, et l'on a consolidé la digue droite, entre le canal et la Loire, au moyen d'une file de pieux garnie antérieurement d'un fort enrochement et d'une risberme également enrochée. Les talus de la digue et de la risberme ont été revêtus de perrés. Les profils (*fig.* 7 et 8, Pl. 18) montrent la disposition de ces ouvrages.

En outre, au point le plus rétréci et le plus menacé, on a réduit la largeur du plafond du canal à 6^m,75 et l'on a remplacé le talus de la digue gauche du canal par un mur de soutènement, sur 106 mètres de longueur. Ce mur est figuré en lignes ponctuées sur le plan (*fig.* 6, Pl. 18).

En 1856, à la suite des pluies dont j'ai déjà parlé au paragraphe précédent, de nouveaux éboulements se sont produits dans le coteau d'Avrilly. La digue droite du canal n'a point été ébranlée : mais le mur de soutènement de la rive gauche a été poussé par les terres éboulées et s'est approché tout entier de la digue droite, en faisant refluer les terres à 0m,90 au-dessus du fond du canal, et ne laissant que 3 mètres de largeur au lit du canal sur toute la longueur du mur.

Les éboulements de 1856, quelque importants qu'ils aient été, ne se sont pas étendus jusqu'au sommet du coteau. La ligne d'affleurement de la surface de glissement s'est faite à peu près vers le milieu de la hauteur du talus, ainsi que le montrent les *fig.* 6, 7 et 8 (Pl. 18).

Pour arrêter ces éboulements dans leur marche et en empêcher le retour, on a divisé la masse des terres en mouvement au moyen de quatre pierrées transversales placées à environ 40 mètres les unes des autres (*fig.* 6, Pl. 18). Ces pierrées ont 1m,25 d'épaisseur. Elles ont été descendues jusqu'à la surface sur laquelle s'est fait le glissement. Elles débouchent dans une pierrée longitudinale de 2 mètres d'épaisseur, 3 mètres de profondeur et 228 mètres de longueur. Cette pierrée longitudinale, établie à l'aplomb du fossé du canal, conduit toutes les eaux qu'elle reçoit au point le plus bas de son profil en long, près de la deuxième pierrée transversale, et une buse en fonte de 0m,25 de diamètre, établie en ce point sous le canal, jette à la Loire les eaux des pierrées.

Les pierrées transversales ont été prolongées jusqu'au pied du coteau, en suivant toujours la surface de glissement. Leur longueur varie de 27 à 37 mètres. Leur hauteur est de 2 mètres au pied du coteau et de 2m,50 vers la pierrée longitudinale.

On n'a pas donné plus de hauteur aux pierrées afin de diminuer la dépense. Les fouilles sont restées ouvertes jusqu'à la face supérieure des terres éboulées qui ont été dressées comme le montre le plan (*fig.* 6, Pl. 18).

Des enrochements établis en tête des pierrées transversales et quelques drainages faits dans le talus du coteau, amènent dans les pierrées les eaux qui suintent à travers les terres.

Dans l'année 1856 on n'a pu construire que les trois premières pierrées transversales, à partir de l'amont, ainsi que la pierrée longitudinale sur la longueur correspondante et la buse en fonte sous le canal. Puis on a démoli le mur de soutènement de la rive gauche et rétabli, dans toute la partie dégradée, le lit du canal avec sa section normale.

Pendant l'hiver de 1856 à 1857, il s'est produit un petit mouvement dans la digue gauche du canal, sur 60 mètres de longueur, entre les points a et a' du plan. Ce mouvement a été de $0^m,12$ au maximum.

En 1857 on a construit la quatrième pierrée transversale, celle d'aval, et l'on a achevé la pierrée longitudinale.

En outre, et dans le but de s'opposer à tout mouvement semblable à celui de l'hiver de 1856 à 1857, on a enfoncé des deux côtés de la pierrée longitudinale, sur 135 mètres de longueur, des pieux de 6 mètres de longueur placés en quinconce et à 3 mètres les uns des autres dans la même ligne. Les pieux des deux lignes ont été reliés les uns aux autres, en tête, par des moises, sur environ 40 mètres de longueur, dans la partie où les terres présentaient le moins de solidité.

La partie du talus intérieur de la rive gauche, qui s'était un peu avancée du côté du canal, a ensuite été rétablie dans sa position normale.

Ces travaux de consolidation ont occasionné une dépense d'environ 60,000 francs. Ils s'étendent sur 228 mètres de longueur. La réparation revient par conséquent à 263 francs par mètre courant.

Depuis 1857 il ne s'est plus produit aucun mouvement

dans le coteau d'Avrilly ni dans la partie correspondante
du canal de Roanne à Digoin.

§ 3. — Éboulement du coteau de la Négresse au chemin de fer de Bayonne à Irun.

Le chemin de fer de Bayonne à Irun est tracé, en avant
du tunnel de la Négresse, près la gare de Biarritz, sur le
flanc d'un coteau abrupt que baignent les eaux d'un lac
peu étendu, mais assez profond, le lac du Mouriscot.

La voie du chemin de fer est à 24 mètres environ au-
dessus des eaux du lac.

Sur ce coteau très-accidenté, le chemin de fer est tantôt
en déblais, tantôt en remblais.

Un remblai d'environ 120 mètres de longueur et de
4 mètres de hauteur au maximum, situé à proximité de
la maison Berlon, était à peu près terminé lorsqu'en 1861
les terres du remblai ont commencé à glisser vers le lac.

Dans le but d'arrêter ce mouvement on exécuta en 1862,
au pied du coteau, un massif de remblai figuré en MN sur
le plan (*fig.* 1, Pl. 19). Les terres de ce massif ont été prises
dans l'emplacement OP.

Ce travail n'arrêta pas le glissement du remblai du chemin de fer. Les terres de ce remblai n'étaient pas en effet
les seules qui eussent été ébranlées. Il s'était fait une profonde déchirure dans le coteau lui-même, et les terres du
coteau mises en mouvement avaient entraîné celles du
remblai du chemin de fer. Elles entraînèrent également le
massif MN.

Le mouvement se fit sentir jusque dans l'intérieur du
lac, dont le fond fut soulevé.

On n'a pas relevé la forme exacte de la surface courbe
suivant laquelle s'est fait le glissement. Mais l'exhausse-
ment du fond du lac porte à penser que la partie inférieure
de cette courbe arrivait au-dessous du niveau des eaux du

lac et affectait la forme XY tracée par approximation sur les profils (*fig.* 2 et 3, Pl. 19).

Les limites du glissement des terres du coteau sont tracées sur le plan (*fig.* 1, Pl. 19). Les crevasses supérieures étaient situées au delà de l'axe du chemin de fer, et le glissement embrassait une longueur de 100 mètres, mesurée sur les rives du lac.

Vers la fin de juin 1862, les remblais du chemin de fer s'étaient affaissés d'environ 3 mètres. Une maison située au-dessous du chemin de fer, au milieu des terres en mouvement, avait été entraînée et détruite.

On prit alors le parti d'établir, perpendiculairement au coteau, deux puissants drains distants de 31ᵐ,50 et partageant en trois parties le massif des terres ébranlées.

Ces drains, composés de pierrées, commencent un peu en amont de l'axe du chemin de fer et se prolongent jusqu'au lac du Mouriscot où ils versent leurs eaux. Le profil et la coupe (*fig.* 3 et 4, Pl. 19) indiquent la disposition et la dimension de ces pierrées.

Le fond des pierrées est établi à peu près au niveau des eaux du lac, à l'extrémité d'aval. Il se relève ensuite jusqu'à l'extrémité d'amont, ainsi que le montre le profil (*fig.* 3, Pl. 19).

La largeur des pierrées est de 6 mètres sur les 40 premiers mètres à partir de l'amont, et de 3 mètres seulement sur le reste de la longueur. Leur épaisseur est de 6 mètres au maximum dans la première partie et de 3 mètres dans la seconde.

Les deux pierrées transversales ont été réunies, en tête, par de petites pierrées parallèles à l'axe du chemin de fer.

Sur le terrain ainsi drainé on a rétabli les remblais du chemin de fer suivant leur profil primitif comme le montre le profil (*fig.* 3, Pl. 19).

Ces travaux ont été exécutés pendant les derniers mois

de 1863 et les premiers mois de 1864. Ils ont occasionné une dépense de 22.500 francs.

L'éboulement avait 100 mètres de longueur mesurée sur les bords du lac. La réparation a par conséquent coûté 225 francs par mètre courant.

Les résultats obtenus sont satisfaisants. Voici en quels termes les ingénieurs du chemin de fer en rendent compte :

« Les derniers remblais du chemin de fer se sont con-
« venablement maintenus. Les glissements ne se sont pas
« reproduits. De petits tassements ont eu lieu seulement,
« et il en arrive encore à la suite des grandes pluies. Mais
« la voie ne se déforme pas et on la maintient facilement
« à son niveau régulier avec de petits relevages. »

§ 4. — Éboulements de talus en déblais et en remblais au chemin de fer de Paris à Lyon et à la Méditerranée.

Les éboulements des terrains argileux ont été nombreux sur les lignes du réseau de Paris à Lyon et à la Méditerranée, et il s'en produit de temps à autre dans les nouvelles lignes en construction.

Toutes ces dégradations sont réparées dans un système uniforme, suivant des types dont on a constaté l'efficacité.

Je ne donnerai pas ici la description d'un ouvrage déterminé, mais celle des types adoptés.

On répare les éboulements des talus des tranchées au moyen de cloisons transversales en pierres sèches, ou pierrées, distantes de 20 mètres les unes des autres (*fig.* 5 et 6, Pl. 19).

Ces pierrées sont enfoncées assez profondément pour être partout assises sur le terrain qui n'a pas été atteint par l'éboulement.

Ce terrain solide est découpé par gradins, comme le montre le profil (*fig.* 6, Pl. 19), de manière que la fondation soit toujours au-dessus de la surface courbe sur laquelle le glissement s'est opéré. Dans le but de faciliter

2

l'écoulement des eaux, on donne une pente de $\frac{1}{10}$ aux parties les moins inclinées de ces gradins.

Les fouilles dans lesquelles sont établies les pierrées sont ordinairement descendues aussi verticalement que possible au moyen d'étais et de boisages (*fig.* 7, Pl. 19).

Quelquefois, lorsque les fouilles doivent avoir une grande profondeur, ou se trouvent à proximité de lignes en exploitation, on procède par petites galeries souterraines qui commencent à la base de la pierrée et se superposent successivement. On donne aux pierrées de 1 mètre à 2 mètres d'épaisseur, suivant la hauteur du talus à réparer.

Leur face supérieure affleure le talus que l'on veut consolider, et reste apparente.

Les différentes pierrées sont reliées entre elles par des arceaux en ogive ou en plein cintre, également en pierre sèche. Ces arceaux affleurent le talus et pénètrent dans le sol à une profondeur plus ou moins grande, suivant le degré de fluidité des terres.

Avant d'élever les maçonneries des pierrées, on garnit le fond des fouilles d'une couche de béton de 0^m,30 à 0^m,40 d'épaisseur, puis on ménage à la base des pierrées un petit aqueduc de 0^m,20 au plus de largeur et de hauteur (*fig.* 7, Pl. 19).

C'est également au moyen de pierrées transversales que l'on répare les éboulements de talus des remblais. Ces pierrées sons disposées et construites comme celles que je viens de décrire, avec cette différence que les fondations ne s'arrêtent pas à la surface courbe sur laquelle le glissement s'est effectué, mais sont descendues jusqu'au sol naturel solide (*fig.* 8 et 9, Pl. 19).

Cette disposition est motivée par le défaut de solidité que les remblais dont il s'agit présentent en général. On évite ainsi les dislocations que le tassement des remblais amènerait dans les maçonneries des pierrées que l'on appuierait sur eux.

Il arrive quelquefois que des éboulements se produisent sur les deux talus des chaussées en remblais en même temps. C'est le cas qui est représenté par les dessins (*fig.* 8 et 9. Pl. 19). On place alors les pierrées des deux talus vis-à-vis les unes des autres et on les réunit au moyen d'une autre pierrée de 2 mètres de hauteur, établie soit en faisant une tranchée si le remblai a peu de hauteur, soit en pratiquant une galerie souterraine à travers le remblai.

Il se produit quelquefois des éboulements dans les coteaux sur le flanc desquels le chemin de fer est établi, partie en déblais et partie en remblais.

On applique à ces éboulements le même système de pierrées transversales qu'aux éboulements des talus en déblais (*fig.* 10 et 11, Pl. 19); les pierrées s'appuyant partout sur le terrain solide au delà de la surface courbe sur laquelle s'est fait le glissement.

La maçonnerie à pierre sèche de ces pierrées est interrompue sur une certaine hauteur au droit de la voie du chemin de fer, et remplacée par des remblais, comme le montre le profil (*fig.* 11, Pl. 19).

Les réparations des talus en déblais reviennent à environ 155 francs par mètre courant, pour une hauteur de talus de 6 à 7 mètres, et à environ 240 francs pour une hauteur de 10 à 11 mètres.

Celles d'un talus en remblais de 5 à 6 mètres de hauteur reviennent à environ 135 francs par mètre courant; et quand les éboulements ont eu lieu sur les deux talus à la fois, les réparations, y compris la galerie transversale qui réunit les pierrées des deux talus, reviennent à environ 500 francs par mètre courant.

§ 5.— Éboulements de la tranchée de Bréval, sur le chemin de fer de Paris à Cherbourg.

Les tranchées du tunnel de Bréval, sur le chemin de fer de Paris à Cherbourg, ont donné lieu à d'importants travaux de consolidation. C'est de la tranchée du côté de Cherbourg qu'il s'agit ici.

Cette tranchée a près de 900 mètres de longueur et environ 18^m,50 de profondeur au maximum. Elle est ouverte dans des argiles et des sables fins argileux appartenant au terrain tertiaire inférieur. Les marnes et calcaires de la même formation se trouvent au-dessous du fond de la tranchée.

En 1858, un éboulement assez considérable a eu lieu dans le talus, à droite de la tranchée (dans le sens de Paris à Cherbourg).

Cet éboulement a sans doute mis en mouvement une masse considérable de terre, aussi bien que les autres éboulements dont il sera parlé plus loin. On n'a pas constaté les limites de l'éboulement des terres, mais on peut considérer comme certain que le glissement s'est effectué, comme cela arrive toujours dans les circonstances analogues, sur une courbe ayant à peu près la forme LMN tracée sur le profil (*fig.* 2, Pl. 20).

Quoi qu'il en soit, c'est à la masse entière ébranlée que l'on a voulu résister de front, et on lui a opposé un mur de soutènement de 148^m,25 de longueur (Pl. 20, *fig.* 1) dont le profil est donné par la *fig.* 4 (Pl. 20).

Dans la disposition primitive, les contre-forts extérieurs figurés au dessin, le long de ce mur, n'existaient pas. Le mur de 3 mètres de hauteur au-dessus du rail et fondé à 1 mètre de profondeur dans la marne qui tapisse le fond de la tranchée, se composait, en avant, d'un mur maçonné avec mortier hydraulique, ayant 0^m,70 d'épaisseur au sommet et 1^m,10 à la base ; puis, en arrière, d'une maçonnerie en pierre sèche ayant une épaisseur uniforme de 1^m,40.

On ne tarda pas à s'apercevoir que ce mur de soutènement n'avait pas la solidité nécessaire. Il fit un mouvement accusé par une ondulation marquée de l'arête supérieure. On construisit alors, pour consolider le mur, les contre-

forts dont la *fig.* 4 (Pl. 20) donne les dispositions. Ces contre-
forts ont 1ᵐ,5o de largeur et sont espacés de 9 mètres d'axe
en axe. Ils ont arrêté le mouvement du mur.

En 1861 un nouvel éboulement, plus étendu que le premier, s'est produit près de la tête du tunnel, dans le même
talus de la tranchée.

C'est encore à la masse entière des terres ébranlées que
l'on s'est opposé au moyen d'un mur de soutènement. Ce
mur s'étend sur 198ᵐ,o5 de longueur entre la tête du tunnel
et le mur construit en 1858. Mais éclairé par l'expérience de
1858, on a construit ce nouveau mur entièrement avec
mortier hydraulique, et n'ayant pu lui donner une épaisseur suffisante à cause des difficultés de fondation, on l'a
muni de contre-forts (*fig.* 1 et 3, Pl. 20). Sur 85 mètres de
longueur à partir de la tête du tunnel, dans la partie où la
hauteur du mur, variable d'une extrémité à l'autre, est la
plus grande et s'élève jusqu'à 5ᵐ,90, les contre-forts ont
2 mètres de largeur sur 2 mètres de saillie et sont espacés
de 4 mètres d'axe en axe. Sur le reste de la longueur jusqu'au point de rencontre avec le mur de 1858, les contre-
forts n'ont que 1ᵐ,5o d'épaisseur et sont espacés de 9 mètres
d'axe en axe.

Ce mur a bien résisté, aucun mouvement ne s'y est manifesté depuis sa construction.

En 1867 deux éboulements ont encore eu lieu dans le
même talus.

Le premier s'est produit à la suite de l'éboulement de
1858 et a même entraîné, sur 18 mètres de longueur, les
terres qui s'étaient déjà mises en mouvement en 1858. Cet
éboulement avait en totalité 35 mètres de longueur, mesurée au pied du talus.

On s'était aperçu, dès l'origine de ce mouvement, que le
mur de soutènement établi en 1858 était poussé en avant.
On avait alors placé le long de la partie menacée de ce mur

de forts étais qui en ont empêché la chute et ont arrêté le mouvement des terres.

On n'a pas voulu reconstruire cette partie du mur de 1858, malgré l'altération qu'elle avait subie, parce que sa démolition aurait entraîné la chute de toutes les terres détachées du talus. Mais on a consolidé le mur ancien en introduisant de nouveaux contre-forts entre ceux que l'on avait précédemment ajoutés à ce mur. Les nouveaux contre-forts construits avec mortier de ciment ont $1^m,50$ d'épaisseur et sont espacés de 3 mètres d'axe en axe (*fig.* 1, Pl. 20). Ils ont donné une résistance suffisante à cette partie du mur de 1858, qui n'a plus éprouvé de mouvement depuis cette époque.

Les terres ébranlées en 1867, au delà de l'extrémité du mur de 1858, sur 17 mètres de longueur, ont été retenues par un nouveau mur de soutènement construit en 1868 et dont je vais maintenant parler.

J'ai dit ci-dessus que deux éboulements ont eu lieu en 1867.

Le second éboulement s'est produit à peu de distance du premier, sur 120 mètres de longueur, dans une partie de la tranchée qui a moins de profondeur.

On a construit le long de ces dégradations un mur de soutènement de $268^m,10$, faisant suite à celui que l'on avait établi en 1858 (*fig.* 1, Pl. 20).

Ce mur entièrement construit avec mortier hydraulique, comme celui de 1861, a plus d'épaisseur que ce dernier et sa fondation est plus profonde (*fig.* 5, Pl. 20). Il est muni de contre-forts de $1^m,50$ de largeur espacés de 9 mètres d'axe en axe.

Dans la même année 1868, et pour prévenir de nouveaux éboulements sur le reste de la longueur de la tranchée, on a construit un mur de soutènement de 240 mètres de longueur, faisant suite au précédent et s'étendant jusqu'à 50 mètres avant l'extrémité de la tranchée (*fig.* 1, Pl. 20).

Ce mur est construit suivant le profil *fig.* 5, mais sans contre-forts.

Tous ces ouvrages ont bien résisté. Il ne s'est manifesté aucun mouvement dans la tranchée de Bréval depuis 1868.

L'ensemble de tous les travaux de consolidation de cette tranchée a occasionné une dépense de 485.580 francs, non compris 32.026 francs appliqués au service d'une voie unique pendant l'exécution des travaux ; dépense qui, bien que rendue nécessaire par les éboulements, ne doit pas entrer dans les frais de la réparation proprement dite. La longueur totale des murs étant de 854 mètres, la dépense totale ci-dessus fait revenir en moyenne la réparation à 568 francs par mètre courant.

Cette dépense se décompose de la manière suivante :

Dans la partie réparée en 1861, où la tranchée atteint sa plus grande profondeur, 20 mètres en moyenne, y compris les cavaliers, la dépense s'est élevée à 208.198 francs pour 198 mètres de longueur, soit 1.051 francs par mètre courant.

Dans la partie suivante, réparée en 1858, où la profondeur de la tranchée, cavaliers compris, est moyennement de 16 mètres, la dépense a été de 107.492 francs pour 148 mètres de longueur, soit 726 francs par mètre courant.

Sur le reste de la longueur, la tranchée ayant 13 mètres de profondeur moyenne au droit des contre-forts et 9 mètres le long du mur dépourvu de ces appendices, la dépense a été de 169.890 francs pour 508 mètres de longueur, soit 334 francs par mètre courant.

Pour compléter la description de ces travaux, j'ajouterai que des drainages ont été faits dans les talus éboulés pour recueillir les eaux de suintement et les écouler dans le fossé du chemin de fer, et que de nombreuses barbacanes ont été ménagées dans les murs de soutènement.

§ 6. — Éboulements des talus de la digue du réservoir de Cercey, au canal de Bourgogne.

La digue du réservoir de Cercey au canal de Bourgogne a été construite en terre argileuse du lias, avec talus de 2^m,40 de base sur 1 mètre de hauteur à l'intérieur et de 2 mètres de base sur 1 mètre de hauteur à l'extérieur du réservoir.

La longueur de la digue est de 1.000 mètres et la hauteur d'eau du réservoir de 12 mètres.

De nombreux éboulements ont eu lieu sur les deux talus de cette digue.

Les dessins, *fig.* 6 et 7 de la Pl. 20, ne se rapportent qu'aux éboulements du talus intérieur. Mais il est nécessaire de parler auparavant des travaux de réparation du talus extérieur qui ont précédé pour la plupart ceux du talus intérieur et ont été d'ailleurs conçus dans le même esprit.

Les éboulements du talus extérieur, au nombre de sept, ont eu lieu de 1835 à 1846.

Tous ces éboulements ont été réparés de la manière suivante : on a enlevé la totalité des terres mises en mouvement jusqu'à la surface courbe sur laquelle le glissement s'est opéré. Sur cette surface ainsi mise à nu et entaillée par redans, on a établi des cloisons en pierres sèches perpendiculaires à l'axe de la digue, distantes entre elles de 8 à 10 mètres et ayant leur face supérieure dans le plan du talus de la digue. Les espaces compris entre les cloisons ont été remplis en remblais corroyés rétablissant la digue dans sa forme primitive.

Ces réparations ont donné de bons résultats. Un seul des accidents s'est reproduit dans une partie du talus extérieur déjà réparée.

Dans ce mode de réparation les cloisons en pierres sèches servent en même temps à diviser la masse glissante de manière à localiser les mouvements et à drainer les remblais de la digue. Pour rendre l'action du drainage plus efficace, on a fait reposer les cloisons sur une cuvette maçonnée qui conduit les eaux à l'extérieur, sans leur permettre de couler sur la terre du remblai et de la détremper.

Voici maintenant ce qui s'est passé sur le talus intérieur.

En 1842 un éboulement s'est fait dans le talus intérieur de la digue, à droite de l'aqueduc de vidange. Cet éboulement est tracé sur le plan (*fig.* 6. Pl. 20). On a réparé cet éboulement au moyen de huit cloisons en pierres sèches construites exactement dans le système des cloisons du talus extérieur.

Il importe de dire ici que les remblais de la digue n'ont pas tous été faits de la même manière. Le talus intérieur a été corroyé sur $7^m.25$ de largeur à la base et 4 mètres au sommet, tandis que le noyau de la digue a été simplement pilonné et comprimé par le passage des voitures. C'est dans ces termes que les ingénieurs définissent, dans leurs rapports, le mode de confection des remblais de la digue.

Les inconvénients qui pourraient résulter de ce défaut d'homogénéité, dans la réparation de l'accident de 1842, n'ont pas échappé aux ingénieurs. Ils se sont préoccupés des conséquences que pourrait avoir l'introduction des eaux du réservoir, par les pierrées, dans l'intérieur de la digue et jusqu'au noyau lui-même qui était entamé par la surface du glissement. Toutefois, comme ce noyau paraissait solide et tout à fait imperméable, les ingénieurs ont proposé de s'en tenir au mode de réparation qui avait réussi sur le talus extérieur.

L'expérience a paru d'abord confirmer leur prévision; et pendant près de vingt-cinq ans la partie du talus intérieur ainsi réparée n'a éprouvé aucun mouvement.

Mais au mois de septembre 1866, à la suite de trois jours de pluies torrentielles et quoiqu'il y eût alors 9 mètres de hauteur d'eau dans le réservoir, de nouveaux éboulements se sont produits dans la même partie du talus intérieur, à droite et à gauche de l'éboulement de 1842, et en partie sur la longueur de cet éboulement. En outre, sur toute la longueur atteinte par les glissements de 1866 et de 1842, le revêtement intérieur de la digue présentait des déformations qui portaient à penser que la masse entière ébranlée en 1842 avait participé au mouvement de 1866.

On a résolu en conséquence de réparer le talus intérieur sur toute la longueur attaquée par les glissements de 1866 et 1842, c'est-à-dire sur environ 200 mètres de longueur.

La réparation actuellement en cours d'exécution consiste, comme pour le talus extérieur, dans l'établissement de cloisons perpendiculaires à l'axe de la digue et qui s'appuient sur la surface de glissement entaillée par redans (*fig.* 7, Pl. 20), mais avec cette différence qu'au lieu d'être en pierres sèches, les cloisons sont construites avec mortier hydraulique.

Les cloisons ont 2 mètres d'épaisseur et sont distantes entre elles de 12 mètres environ.

Elles sont reliées au pied de la digue par un mur de soutènement ayant de $3^m,50$ à $2^m,30$ de hauteur et de 3 mètres à $2^m,20$ d'épaisseur.

Toutes les terres atteintes par le glissement sont enlevées, puis replacées et corroyées entre les contre-forts suivant le profil de la digue.

Le talus intérieur ainsi rétabli est revêtu d'un perré de $0^m,40$ d'épaisseur maçonné avec mortier hydraulique.

Les déblais excédant le volume des remblais sont placés contre le mur de soutènement auquel ils servent d'épaulement.

Les cloisons sont garnies, sur leurs deux faces, de deux ou trois contre-forts verticaux de 1 mètre de largeur et 1 mètre de saillie, destinés à retenir les terres qui auraient encore tendance à glisser. Le dessin n'indique pas ce détail de construction.

Les deux cloisons qui entourent l'aqueduc de vidange

sont reliées par une voûte en ogive normale au plan du talus, comme il est indiqué au plan (*fig.* 6, Pl. 20); on avait projeté des voûtes semblables entre les autres cloisons, mais en exécution on les a supprimées.

Ces travaux de réparation sont estimés à la somme de 150.000 francs; ce qui, pour 200 mètres de longueur de digue à réparer, portera la dépense à 650 francs par mètre courant.

Six cloisons sont déjà construites; trois à droite et trois à gauche de l'aqueduc de vidange. Elles embrassent une grande partie de l'éboulement qui a eu lieu près de cet aqueduc.

Aucun mouvement nouveau ne s'est manifesté dans la partie de digue ainsi réparée. Le revêtement ne présente que les dégradations causées à la surface du perré par le batillage des eaux.

§ 7. — Éboulements du talus intérieur de la digue du réservoir
de Torcy, au canal du Centre.

En 1831, le perré à pierre sèche qui garnissait le talus intérieur de la digue du réservoir de Torcy, au canal du Centre, s'est écroulé sur la presque totalité de sa longueur. En outre les terres de la digue ont éprouvé des glissements en plusieurs points. Le plus important de ces éboulements était situé à gauche de la bonde de fond.

La digue du réservoir de Torcy a 253 mètres de longueur, et retient une hauteur d'eau de 11 mètres. Les deux talus sont inclinés à un et demi de base sur un de hauteur.

Cette digue a été composée de terres sablonneuses mélangées d'une certaine quantité d'argile. Les travaux de réparation ont fait reconnaître la présence de plusieurs veines de terre dans lesquelles l'argile dominait.

La chute du perré est sans doute résultée de ce que les terres composant la digue renfermaient, au moins en certains points, une trop forte proportion d'argile, et probablement aussi de ce que le battage de ces terres n'avait pas été fait avec les soins et l'énergie nécessaires.

Quoi qu'il en soit, l'accident a eu lieu, et l'on s'est trouvé privé ainsi du réservoir de Torcy au moment où un autre des grands réservoirs du canal du Centre, l'étang Berthaud, était déjà hors de service.

Dans cette situation, on n'a pas pu procéder à la réfection totale des remblais de médiocre qualité de la digue de Torcy, comme il aurait fallu le faire pour obtenir un travail solide. On était dans la nécessité d'agir vite, et l'on s'arrêta au parti de construire un nouveau revêtement du talus intérieur, sans faire aux remblais de la digue d'autre réparation que le remaniement des parties éboulées du talus. Dans l'éboulement le plus considérable situé à gauche de la bonde de fond, on fit trois coupures normales au talus et s'étendant jusqu'à la surface sur laquelle le glissement s'était opéré. Ces coupures furent remplies de corrois fortement battus.

Le nouveau revêtement a été construit avec mortier hydraulique, suivant un profil proposé par M. Vallée et qui est figuré par des lignes ponctuées sur le profil (*fig.* 9, Pl. 20).

On a pu ainsi rétablir promptement le réservoir de Torcy et profiter de ses eaux pour la navigation dès l'année suivante.

Mais la réparation était certainement incomplète. La qualité médiocre des remblais de la digue rendait de nouveaux mouvements inévitables; et ils ne tardèrent pas à se manifester.

Dans les mouvements qui eurent lieu des deux côtés de la bonde de fond, mais plus fortement à droite qu'à gauche, les arêtes des différents murs du revêtement s'étaient abaissées et en même temps avancées dans l'intérieur du réservoir.

Il devenait évident qu'il se produisait un glissement dans l'intérieur des terres de la digue.

On recula encore cette fois devant la perte de temps qu'aurait entraînée la réfection totale des remblais de la digue dans des conditions convenables, réfection qui eût été nécessaire, vu la qualité médiocre du noyau de la digue, pour asseoir solidement le revêtement sur les remblais.

En outre la réfection totale des remblais aurait occasionné une dépense considérable.

Dans cette situation et par le double motif de rapidité d'exécution et d'économie, on a cherché à se rendre indépendant de la mauvaise qualité des remblais de la digue en construisant un certain nombre de cloisons, ou contre-forts intérieurs, perpendiculaires à l'axe de la digue, et portant sur le terrain naturel solide. Ces contre-forts devaient diminuer les chances de glissement des remblais de la digue et procurer des points solides pour appuyer les maçonneries du revêtement.

Les contre-forts ont été assez multipliés pour que le revêtement du talus pût résister, dans leur intervalle, aux déformations que le tassement des remblais aurait pu faire naître.

Pour rendre la construction plus rapide et moins dispendieuse, on a composé les contre-forts de piliers reliés par des arcs (*fig.* 9, Pl. 20.).

D'après les dispositions adoptées (*fig.* 8 et 9, Pl. 20), les piliers des contre-forts qui deviennent les points fixes du système sont d'autant plus rapprochés que la hauteur des remblais de la digue est plus grande.

J'ai donné la description détaillée de ces ouvrages et de leur mode de construction dans un mémoire inséré aux *Annales des ponts et chaussées* (mai et juin 1845).

On n'a d'abord réparé dans ce système que la partie de la digue située à droite de la bonde de fond, celle où le mouvement des murs de revêtement du talus intérieur était le plus fort. Cette réparation a été faite en 1838.

Plus tard, en 1845, le mouvement étant devenu plus marqué dans la partie située à gauche de la bonde de fond, on y a appliqué le même système de réparation.

Dans l'une et l'autre de ces réparations, les murs du revêtement du talus intérieur ont été entièrement reconstruits suivant le profil régulier de la digue.

Le succès a été complet. Il ne s'est plus produit aucun mouvement, depuis ces réparations, dans le revêtement du talus intérieur de la digue de Torcy.

Les dépenses se sont élevées à 27.775 francs en 1838 et à 23.975 francs en 1845 ; en totalité 53.750 francs. La longueur de digue réparée étant de 180 mètres, ces travaux sont revenus à 320 francs par mètre courant.

CHAPITRE II.

OBSERVATIONS SUR LES TRAVAUX DÉCRITS AU CHAPITRE PRÉCÉDENT.
RÈGLES PRATIQUES A EN DÉDUIRE.

Je n'ai pas, jusqu'à présent, établi de distinction entre les divers éboulements dont j'ai donné la description.

Mais je ferai remarquer ici que les accidents arrivés aux digues de réservoirs ont une gravité exceptionnelle. La navigation y est d'abord fort intéressée. En outre la rupture des digues de réservoirs a de si désastreuses conséquences qu'il est de la plus grande importance d'éloigner toute chance de pareils accidents.

Par ces motifs, je traiterai séparément, dans la suite de cet écrit, les questions qui se rapportent aux digues de réservoirs.

Auparavant, je présenterai quelques observations générales sur les glissements de terrains, leurs causes et leurs caractères.

§ 1er. — Observations générales sur les glissements des terrains argileux.

Les opinions des ingénieurs ont souvent varié, aux différentes époques, sur les causes et le mode de production des glissements de terrain, ainsi que sur les moyens de les arrêter.

Je n'ai pas l'intention d'entrer dans ces détails historiques, et je ne saurais mieux faire que de renvoyer les ingénieurs qui désireraient les connaître à l'intéressant ouvrage publié en 1846 par notre camarade M. Collin et intitulé : *Recherches expérimentales sur les glissements spontanés des terrains argileux.*

Des recherches antérieures faites sur cette matière, je ne retiendrai que la proposition suivante qui est évidente par elle-même :

Les terres disposées en talus commencent à glisser lorsque la force de cohésion qui les maintient sous une certaine inclinaison, diminue par une cause quelconque et devient plus faible que l'action de la pesanteur.

La cause principale de l'altération de la force de cohésion des terres est la présence accidentelle de l'eau dans leur massif.

On a observé des glissements dans toutes les saisons, en été comme en hiver. Mais presque tous les glissements d'été ont eu lieu après de grandes pluies.

La force de cohésion des terres étant ainsi altérée, voici comment se produit le glissement que détermine cette altération.

Si l'on fait une coupure transversale dans les terres éboulées, on reconnaît que le glissement a eu lieu sur une surface courbe, lisse et d'aspect savonneux, qui est à peu près verticale au sommet et devient presque toujours horizontale à la base. M. Collin a relevé la forme exacte d'un grand nombre de ces courbes de glissement et montré qu'elles s'écartent en général très-peu de la cycloïde.

En outre, les terres qui s'éboulent se séparent du massif solide en traçant sur la surface du talus une courbe plus ou moins allongée, convexe vers le haut et se rapprochant progressivement du pied du talus aux deux extrémités.

Ces caractères principaux se trouvent dans tous les éboulements, sauf de rares exceptions tenant à des circonstances toutes particulières, par exemple à la présence de couches rocheuses sous les massifs ébranlés.

De l'existence constante de la surface intérieure savonneuse sur laquelle le glissement s'opère, plusieurs ingénieurs ont conclu qu'il existait dans l'intérieur des terres, avant l'accident, une fissure ayant la forme de la surface de glissement observée. Dans cette opinion, le glissement serait la conséquence de l'introduction de l'eau dans cette fissure courbe préexistante.

M. Collin a combattu cette manière de voir et à juste raison. Il a très-clairement établi que la surface savonneuse de glissement est l'effet et non pas la cause de l'éboulement.

Le glissement n'a lieu sur une surface naturelle que dans le cas où l'éboulement atteint un banc de rocher incliné dans le sens du mouvement des terres. Lorsque le banc de rocher n'est pas entraîné, c'est sur lui que le glissement s'opère, et c'est ainsi qu'ont glissé les terres du coteau de la rive droite de l'Allier dont j'ai parlé au chapitre précédent.

Mais hors ce cas exceptionnel et quand les éboulements ont lieu dans des masses de terres argileuses plus ou moins homogènes, les surfaces savonneuses dont on constate alors la présence sont bien certainement le résultat du glissement lui-même.

Si les surfaces de glissement étaient déterminées par des fissures préexistantes, provenant de causes étrangères au glissement et nécessairement d'origines diverses, la variété de ces causes ne s'accorderait pas, en effet, avec la permanence des caractères généraux que présentent toutes les surfaces de glissement.

On se rend au contraire très-bien compte de la courbure qu'affectent ces surfaces, en admettant qu'elles se forment au moment où les masses de terres détrempées se séparent des massifs qui restent intacts.

Quand une masse de terre ainsi altérée n'est plus retenue par la force de cohésion contre les terres voisines, elle tend naturellement à tomber. Mais elle rencontre dans l'intérieur du sol des couches plus solides qui opposent une résistance à sa chute. Elle doit donc nécessairement s'incliner et pousser du côté du vide. Dans ce mouvement elle entraîne avec elle, en vertu de la puissance que lui donnent sa masse et sa vitesse, quelques parties des terres inférieures, moins altérées ou même encore intactes, et donne ainsi naissance à la courbe régulière cycloïdale que l'on observe.

On n'explique pas moins facilement, dans cette hypothèse, la forme qu'affecte sur le talus la courbe suivant laquelle les terres qui s'éboulent se séparent de celles qui restent fixes.

Admettons en effet un instant que la tranche de terre, normale au talus, qui se trouve au droit du point où a lieu l'altération, cause de l'éboulement, soit indépendante des tranches voisines non altérées. Cette tranche glisserait seule suivant la courbe cycloïdale ci-dessus définie. Mais la tranche altérée adhère aux tranches voisines et les entraîne dans son mouvement. Les tranches voisines entraînent à leur tour les tranches suivantes et ainsi de suite.

Toutefois, l'entraînement des tranches voisines de la tranche altérée ne se fait pas sans une certaine perte de force. Ces tranches voisines doivent être détachées de la masse des terres qui ne participent pas au mouvement, et la force née de la chute de la tranche centrale est en partie employée à opérer la séparation des tranches voisines. Ces dernières sont donc animées par rapport aux suivantes d'une moindre force d'entraînement que la tranche centrale par rapport à elles. La force d'entraînement des différentes tranches successives, par rapport aux tranches suivantes, va donc sans cesse en diminuant à mesure que l'on s'éloigne de l'altération centrale, et elle finit par devenir nulle.

Les différentes tranches successivement entraînées ont ainsi des longueurs de moins en moins grandes, à mesure qu'elles s'éloignent de la tranche centrale altérée. Elles doivent par conséquent laisser sur le talus la trace courbe convexe vers le haut, que l'on observe.

On doit donc conclure, avec M. Collin, que la surface courbe de glissement de forme cycloïdale, traçant sur la surface du talus une courbe convexe vers le haut, qui se rencontre dans tous les éboulements, est le résultat de l'éboulement lui-même ; qu'elle est produite par les forces qui naissent et de l'altération d'une certaine partie des terres et de la cohésion qui reste encore dans ces terres altérées.

Il résulte de ce qui précède qu'une altération survenue en un point d'un massif de terre argileux suffit pour déterminer un éboulement ayant une longueur beaucoup plus grande que celle de la partie de terre altérée.

Ceci est encore conforme aux faits observés.

Lorsque l'éboulement provient ainsi d'une altération unique, la courbe qu'il trace sur le talus présente à très-peu près la forme d'un arc de cercle dont la corde est plus ou moins grande suivant le degré de résistance que les terres saines voisines de la terre altérée présentent à l'entraînement.

Lorsque les terres sont altérées en plusieurs points assez rapprochés les uns des autres, les divers éboulements se réunissent et forment un éboulement unique de forme allongée, mais dont la trace se rapproche toujours du pied du talus aux deux extrémités, et se termine par deux demi-courbes convexes vers le haut.

Je me suis étendu avec quelques détails sur les circonstances qui accompagnent les éboulements et déterminent leur forme, parce que, comme on le verra plus loin, ces circonstances jouent un grand rôle dans la question des moyens à employer pour arrêter les éboulements des terres et en prévenir le retour.

§ 2. — Observations sur les travaux, autres que ceux des digues de réservoirs, décrits au chapitre précédent.

Les travaux de réparation d'éboulements que j'ai décrits au chapitre précédent se rapportent à deux systèmes entièrement différents.

Dans l'un de ces systèmes on divise les masses éboulées en un certain nombre de compartiments au moyen de cloisons transversales qui les coupent entièrement.

Dans l'autre système on résiste de front à la masse entière mise en mouvement, au moyen de murs de soutènement construits au pied de l'éboulement.

Le premier système est le plus fréquemment employé. C'est ainsi qu'ont été réparés les éboulements des coteaux de Vichy, d'Avrilly, de la Négresse, de tous les éboulements de tranchées et de remblais survenus dans les travaux du réseau de Lyon.

Dans ce mode de réparations, les pierrées qui forment les cloisons transversales procurent un facile écoulement aux eaux intérieures qui ont occasionné l'éboulement et qui pourraient en provoquer le retour.

En outre, ces pierrées, divisant les masses de terre qui s'éboulent, ont l'avantage de localiser les mouvements qui pourraient encore se produire, et surtout de diminuer dans une forte proportion la puissance d'entraînement qu'exercent les différentes tranches de terre les unes à l'égard des autres, ainsi que je l'ai dit plus haut. La puissance d'entraînement d'une masse de terre en mouvement est certainement diminuée par l'établissement des coupures transversales, et l'on peut justement dire que la masse de terre est énervée par ces coupures.

Les cloisons transversales en pierres sèches exercent l'action la plus marquée possible quand elles coupent la totalité de la masse qui s'éboule pour reposer sur le terrain qui n'a pas participé au mouvement, et quand elles s'élèvent jusqu'à la surface du talus, comme cela se pratique aux tranchées du réseau de Lyon, ou qu'au moins les coupures restent ouvertes au-dessus des pierrées, comme on l'a fait au coteau d'Avrilly. La solidarité des terres de différents compartiments est entièrement détruite dans l'un et l'autre cas.

Dans les exemples que j'ai cités, ces conditions n'ont pas toujours été remplies.

Au coteau de la Négresse il est très-probable, ainsi que je l'ai déjà fait remarquer, que la surface de glissement passe au-dessous de la face inférieure des pierrées.

Cet ouvrage n'en a pas moins donné des résultats satisfaisants. Cela tient sans doute à ce que les pierrées assurent aussi complétement que possible l'écoulement des eaux intérieures, et ne les laissent pas pénétrer jusqu'à la surface de glissement; dans quel cas la cohésion finit par se rétablir entre les terres mises en mouvement et celles qui sont restées fixes.

Au coteau de l'Allier, comme à celui de la Négresse, les coupures n'ont pas été remplies de pierres sur toute leur hauteur, et l'on a remblayé les vides au-dessus des pierrées. Ces remblais n'ont pas compromis le succès des ouvrages; ce qui provient sans doute de ce que les eaux intérieures, trouvant un écoulement facile par les pierrées, à la partie inférieure des terres éboulées, ne peuvent plus venir détremper les terres supérieures.

On pourrait conclure de ces exemples que le point essentiel est de donner, par les pierrées transversales, un écoulement certain aux eaux intérieures, et que quand ce résultat est bien assuré, on peut, par exception, soit ne pas descendre la fondation des pierrées jusqu'au terrain qui n'a pas participé au glissement, quand il serait impossible ou très-difficile de le faire, à la condition toutefois d'établir cette fondation aussi profondément que les circonstances le permettent, afin de laisser au-dessous des pierrées la plus faible couche possible des terres qui ont été mises en mouvement, soit ne pas donner aux pierrées toute la hauteur des fouilles et remblayer les vides des coupures restant au-dessus des pierrées.

Mais quand il est possible d'asseoir les pierrées sur le terrain solide dans toute leur longueur, et de les élever jusqu'à la surface du sol, il convient de remplir ces deux conditions qui augmentent les chances de réussite.

Ce que je viens de dire, quoique concernant tous les éboulements, ceux des remblais, comme ceux des coteaux et des tranchées en déblais, s'applique plus particulièrement à ces derniers. Les éboulements des talus en remblais donnent lieu à quelques observations particulières.

Dans l'exemple que j'ai donné de travaux de réparation de cette nature, on a supposé que les deux talus du remblai s'étaient éboulés en même temps (*fig.* 8 et 9, Pl. 19).

On emploie le même profil pour les pierrées des éboulements de remblais, au réseau de Lyon, quand un seul talus s'éboule, c'est-à-dire que l'on n'appuie pas les pierrées sur la surface de glissement comme dans les éboulements des talus en déblais, mais qu'on les enfonce à travers la masse entière des remblais, jusqu'aux couches solides du terrain naturel.

Par ce moyen, on se met à l'abri des dégradations que les pierrées pourraient subir, par suite du tassement des remblais, si l'on s'arrêtait à la surface de glissement pour asseoir leur fondation.

Cette précaution est bonne à prendre dans tous les remblais, à moins qu'ils n'aient été formés de terre de très-bonne qualité, battue avec énergie par couches horizontales. Elle devient indispensable quand les remblais sont faits d'une seule coulée, comme cela se pratique ordinairement dans la construction des chemins de fer.

J'arrive au second système de réparation consistant à résister à la masse entière des terres qui s'éboulent, au moyen de murs de soutènement construits au pied du talus.

Voici, à ce sujet, quelques vues spéculatives que je trouve dans l'ouvrage précité de M. Collin :

M. l'ingénieur en chef Girard avait émis l'opinion qu'il ne convient pas de résister à la masse glissante, par la raison que l'on ne connaît ni cette masse ni l'inclinaison sur laquelle elle tend à se mouvoir.

M. Collin pense que M. Girard n'a pas aperçu exactement la nature du mouvement de ces masses glissantes, et que l'on parviendra un jour à déterminer *à priori* la dimension de la masse qui se meut et la pente sur laquelle elle glisse. Toutefois il ne proposerait pas de lutter partout et toujours contre ce mouvement, car la réussite serait souvent précaire et ne s'achèterait qu'au prix de ruineux sacrifices. C'est en définitive à l'emploi de cloisons intérieures à pierres sèches, qui divisent les terres éboulées et assurent leur assèchement, que M. Collin est d'avis de recourir.

En pratique, on voit par l'exemple de la tranchée de Bréval qu'il est possible d'arrêter le mouvement des terres éboulées au moyen de murs de soutènement.

Les travaux de cette tranchée, qui ont duré dix ans, ont donné aux ingénieurs l'occasion de reconnaître, par expérience, les dispositions les plus propres à assurer la stabi-

lité des murs et la force qu'il convient de donner à ces ouvrages. Le dernier profil qu'ils ont employé pourra servir
de guide dans le cas où l'on croirait devoir recourir à ce
mode de consolidation.

Je signalerai notamment, dans ce profil, l'ingénieuse
disposition qui permet d'augmenter la résistance du mur,
si elle était reconnue insuffisante, par l'adjonction de nouveaux contre-forts extérieurs entre ceux du profil primitif.

Mais je dirai, avec M. Collin, qu'à moins de circonstances
particulières qui forceraient de recourir à ce mode de consolidation des talus éboulés, il sera toujours plus sûr et
sans doute moins dispendieux d'employer les cloisons intérieures en pierres sèches divisant en un certain nombre de
compartiments la masse de terre qui s'éboule.

Je terminerai ce que j'ai à dire sur les ouvrages qui font
l'objet de ce paragraphe, en présentant quelques observations sur la question de savoir si l'on doit enlever toutes
les terres ébranlées par le glissement, ou les conserver en
place.

Dans son ouvrage précité, M. Collin dit que la réparation
opérée dans les talus ayant eu pour but de soutirer les
eaux intérieures, il peut arriver que la cohésion de la
masse glissante et de la masse passive se rétablisse avec
le temps, et qu'il n'y ait pas à craindre alors que le rechargement du sommet de l'éboulement produise un nouveau mouvement. Toutefois il pense qu'il est prudent de
ne pas compter sur ce résultat, et il établit en principe
que toutes les terres mises en mouvement par le glissement doivent être enlevées.

Il peut être convenable, et même devenir nécessaire, de
faire l'enlèvement total des terres éboulées quand ces
terres ont acquis un grand degré de fluidité et qu'elles ont
subi un affaissement considérable, ou encore lorsque,
même dans des conditions moins mauvaises, il est indispensable de faire un rechargement considérable au sommet

de l'éboulement pour rétablir les ouvrages dans une forme voulue.

Mais lorsque les terres n'ont subi, par le glissement, qu'un mouvement médiocre et que l'on n'est pas dans l'obligation de faire un fort rechargement des éboulements, on peut, sans imprudence, laisser en place les terres qui ont participé au mouvement. Les cloisons transversales que l'on y a pratiquées ont alors assez diminué la puissance d'entraînement des terres éboulées pour que l'on puisse les conserver en place sans danger.

C'est ce que l'on a fait dans toutes les réparations décrites au chapitre précédent, et dont il est question dans ce paragraphe. On s'est contenté d'enlever les terres qui gênaient les voies entravées par les éboulements et de ragréer les surfaces bouleversées des talus. La réussite de ces ouvrages montre qu'il n'y a pas eu d'imprudence à agir ainsi.

§ 3. — Observations sur les travaux de consolidation des digues de réservoirs.

J'ai donné aux §§ 6 et 7 du chapitre précédent la description des travaux de réparation d'éboulements survenus aux digues des réservoirs de Cercey et de Torcy. Mais je dois dire tout d'abord que ces deux ouvrages n'ont pas une analogie complète et qu'il n'y a pas de comparaison à établir entre eux.

A la digue de Cercey, les glissements se sont déclarés spontanément.

A la digue de Torcy, ils ont été provoqués par le poids du revêtement que l'on avait construit en 1832, à la suite de la chute de l'ancien perré, et que les nécessités de l'alimentation avaient forcé d'établir sur les anciens remblais de la digue, quoique ces remblais fussent de médiocre qualité et qu'ils eussent été ébranlés par la chute du perré.

Je rappelle en outre que les remblais de la digue de Cercey

sont exécutés en terre argileuse, que le talus en a été corroyé sur 5 à 6 mètres d'épaisseur moyenne, le reste du massif ayant été simplement pilonné et comprimé par le passage des voitures, et que les remblais de la digue de Torcy, formés de terre sablonneuse, mais inégale de qualité, paraissent avoir été très-imparfaitement battus.

Les conditions dans lesquelles on s'est trouvé n'étaient donc pas les mêmes, et l'on a employé des modes de réparation différents.

A Cercey on a considéré le massif comme assez solide pour porter les cloisons transversales en maçonnerie, et l'on a arrêté ces cloisons à la courbe de glissement en découpant par redans la terre qui n'a pas participé au mouvement. L'avenir fera connaître si les remblais qui portent les cloisons n'éprouveront pas de tassement sous le poids de ces ouvrages.

A Torcy, les remblais de la digue étaient de si mauvaise qualité qu'il fallait nécessairement ou les refaire entièrement dans de bonnes conditions, ou se rendre indépendant de leur imperfection en fondant sur le sol naturel les contre-forts destinés à supporter le revêtement. C'est à ce dernier parti que l'on s'est arrêté.

Tels sont en substance les motifs sur lesquels ont été basés les travaux de réparation des deux digues.

Je n'ai que de courtes observations à présenter sur ces travaux.

A Cercey, on a construit les cloisons transversales en maçonnerie avec mortier hydraulique. C'est là une très-bonne mesure. Les cloisons à pierre sèche introduiraient dans l'intérieur de la digue l'eau du réservoir qui pénétrerait à la longue les remblais argileux dont la digue est formée, et provoquerait de nouveaux glissements.

Le mur de soutènement établi au pied de la digue, entre les contre-forts, assurera sans doute la stabilité des remblais.

On peut se demander si, quand on a pris cette précaution et que l'on a fractionné la masse de terre qui a glissé par les cloisons transversales, il est nécessaire d'enlever toutes les terres qui ont participé à ce mouvement et de faire la dépense assez considérable occasionnée par ce remaniement.

A Torcy, les contre-forts intérieurs ont été composés de piliers réunis par des voûtes. Cette disposition rend le travail plus facile et diminue la dépense. La résistance que de pareils contre-forts opposent au glissement des terres doit être de peu inférieure à celle des contre-forts pleins.

Je rappellerai enfin ce que j'ai dit au chapitre Ier sur les motifs tirés de la mauvaise qualité des remblais, qui ont fait multiplier les points fixes obtenus par les piliers des contre-forts, surtout vers le sommet de la digue où les tassements étaient le plus à craindre.

Voilà ce que j'avais à dire sur les travaux de réparation des deux digues en question.

Mais je ne quitterai pas ce sujet sans faire remarquer combien il serait à désirer que l'on n'eût jamais à faire de pareils travaux.

On ne peut pas éviter les éboulements des talus des tranchées, parce qu'ils tiennent à des causes naturelles dont on n'est pas maître.

On se résigne à subir les éboulements des grands remblais des chemins de fer quand, pour les éviter, il faudrait faire, en construisant ces remblais, des dépenses beaucoup plus considérables que celles de la réparation des accidents que l'on peut redouter.

Mais les éboulements survenus dans les digues en terre de réservoir ont une telle gravité à cause des entraves qu'ils apportent à la navigation, et surtout à cause des conséquences effroyables qu'entraîne la rupture de ces ouvrages, que l'on ne doit rien négliger pour les mettre absolument à l'abri de pareilles dégradations.

Je ne crois donc pas m'éloigner de mon sujet en présentant quelques observations sur le meilleur mode d'exécution des digues de réservoirs construites en terre.

Je ne veux d'ailleurs parler que des conditions d'exécution des remblais de ces digues et nullement du profil à leur donner ni de la forme du revêtement ; questions techniques qui sortiraient du cadre de cette notice.

Les conditions d'exécution des remblais dont je parle se réduisent à deux : le choix des terres et le mode de battage des remblais.

Les terres argileuses sont très-peu convenables pour ces ouvrages. Elles ont l'inconvénient de se laisser pénétrer par l'eau, avec le temps, quelle que soit leur compacité ; et d'autre part, il est difficile de les battre d'une manière complète ; car ces terres, très-dures quand elles sont sèches, deviennent très-glissantes quand elles sont mouillées, et leur battage présente alors beaucoup de difficultés.

Les terres que l'on doit préférer pour la construction des digues de réservoirs sont celles qui se composent principalement de sables siliceux avec 25 à 30 p. 100 au plus d'argile.

Les terres de cette nature se battent parfaitement et sont très-peu perméables à l'eau.

Dans une des digues le plus récemment construites, celle du réservoir de Montaubry au canal du Centre, M. Duverger, alors ingénieur en chef de ce service, n'a pas hésité à rejeter les terres de qualité inférieure qu'il trouvait à proximité des travaux, et à faire prendre à 600 et 800 mètres de distance celles qui ont été employées à faire les remblais de la digue et qui présentaient les caractères que je viens d'indiquer.

Les terres où l'argile domine me semblent si défectueuses pour former les digues de réservoirs que, si je n'avais que de pareilles terres à ma disposition pour construire un ouvrage de cette nature, je renoncerais à ce mode de construction pour adopter une digue en maçonnerie.

Ce n'est pas tout d'ailleurs d'avoir des terres de bonne qualité pour construire les digues de réservoir, il faut encore que les terres soient convenablement battues.

Je ne décrirai pas les moyens de battage à employer; ils sont suffisamment connus. J'insisterai seulement sur la nécessité de faire le battage d'une manière énergique et, dans ce but, de donner une faible épaisseur aux couches de remblai. Dans les dernières digues construites au canal du Centre on a procédé par couches de $0^m,10$ d'épaisseur seulement. Le résultat a été excellent, et je crois qu'il est bon d'adopter cette mesure.

Le battage doit être fait avec une égale intensité sur toute la surface des couches successives. L'homogénéité de la digue est une des conditions de sa bonne conservation. On obtiendrait une faible économie en battant avec moins d'énergie les remblais de la partie extérieure de la digue, et l'on nuirait par cette mesure à la solidité de l'ouvrage.

Je ne saurais d'ailleurs trop recommander de ne pas compter sur le passage des voitures de service pour comprimer les remblais. C'est une illusion de croire que ces voitures exercent une action utile pour la compression des terres. Elles ne passent pas partout; et là où elles passent elles ne produisent qu'une compression très-incomplète. Lorsque les remblais ont reçu le degré de compression nécessaire, les voitures n'y laissent aucune trace, et quand elles en laissent, on peut être assuré que la compression est et restera insuffisante.

§ 4. — Règles pratiques à déduire des observations précédentes.

De tout ce qui précède on peut déduire quelques règles pratiques que je vais énoncer.

Je continuerai à distinguer les éboulements des digues

de réservoirs des autres accidents occasionnés par le glissement des terres.

Réparations des éboulements autres que ceux des digues de réservoirs.

Des deux procédés en usage pour réparer les éboulements de cette nature, savoir : cloisons transversales en
pierre sèche découpant la masse entière des terres mises
en mouvement, et murs de soutènement établis au pied des
talus éboulés, le premier présente d'incontestables avantages sur le second en ce qu'il diminue la puissance d'entraînement des terres qui s'éboulent et assure un facile
écoulement à toutes les eaux qui pénètrent dans l'intérieur
des terres.

Les cloisons transversales, ou pierrées, se placent ordinairement de 20 à 50 mètres les unes des autres, suivant
la hauteur du talus qui s'éboule et le degré de fluidité des
terres.

Elles doivent découper sur toute leur épaisseur les masses
de terre en glissement.

Lorsque les éboulements ont lieu dans des terres naturelles, coteaux ou talus en déblais, les pierrées doivent reposer sur les terres qui n'ont pas participé au mouvement
et que l'on entaille par redans à cet effet.

Lorsque les éboulements ont lieu dans des talus en remblais, il convient généralement de descendre les fouilles
des cloisons à travers le massif entier des remblais, jusqu'au sol naturel sur lequel les pierrées sont alors assises.

On doit, par des moyens appropriés aux localités, assurer, en dehors des ouvrages, l'évacuation des eaux intérieures qui s'écoulent par les pierrées.

Quand il est nécessaire de rétablir les ouvrages éboulés
dans leur forme primitive, on élève ordinairement les pierrées jusqu'à la surface des talus. Dans le cas contraire, on

peut donner moins de hauteur aux pierrées. Les fouilles restent alors vides au-dessus des pierrées comme au co-teau d'Avrilly, à moins qu'on ait intérêt à les remblayer, ce qui peut se faire sans compromettre la réussite de l'ouvrage, comme le montrent les travaux du coteau de Vichy.

On détourne enfin le plus possible les eaux de pluie au moyen de fossés qui enceignent les éboulements, et de drai-nages faits à la surface des terres.

Ces mesures prises et lorsqu'il faut rétablir les ouvrages dans leur forme primitive, on déblaye les terres éboulées à la base, et l'on remblaye les vides formés dans la partie supérieure de l'éboulement.

On complète, au besoin, la consolidation des terres, soit en établissant un enrochement ou un petit mur de soutè-nement à pierre sèche au pied du talus, soit en construi-sant, entre les cloisons transversales, des bandeaux de voûte affleurant la surface des talus et s'enfonçant à une profondeur plus ou moins grande selon le degré de mobi-lité des terres.

Si les circonstances locales ne permettaient pas de des-cendre les fouilles des pierrées jusqu'à la surface de glis-sement, ce ne serait pas un motif pour renoncer à l'emploi des cloisons transversales, qui ont toujours l'avantage de faciliter l'évacuation des eaux intérieures. Les travaux du coteau de la Négresse montrent que les pierrées établies dans ces conditions peuvent donner des résultats favora-bles. Mais il importe alors d'établir les pierrées à la plus grande profondeur que l'on puisse atteindre, afin de laisser la plus faible couche possible de terres éboulées entre le fond des fouilles et la surface de glissement.

Telles sont les conclusions auxquelles conduisent, pour la consolidation des terrains éboulés au moyen de cloisons transversales, les travaux de cette espèce dont j'ai donné la description.

Ce mode de consolidation présente des avantages qui le font ordinairement préférer. Il est en outre plus économique que celui qui consiste à établir un mur de soutènement au pied des talus éboulés.

Si, dans certains cas, on croyait devoir recourir à ce dernier mode de consolidation, on trouverait dans les travaux de la tranchée de Breval une disposition ingénieuse qui permet, soit de proportionner la résistance à l'effort des terres ébranlées en espaçant plus ou moins les contre-forts extérieurs, soit même de réparer une erreur d'appréciation en plaçant après coup de nouveaux contre-forts entre ceux que l'on a primitivement construits.

Réparations des éboulements des digues de réservoirs.

Les accidents de cette nature ont une telle gravité, ainsi que je l'ai déjà fait remarquer, que l'on ne doit rien négliger pour les empêcher de se produire.

Une grande importance s'attache donc à la question de savoir comment doivent être établies les digues en terre des réservoirs pour être à l'abri de pareilles dégradations.

Les conditions essentielles à remplir, dans ce but, sont de n'employer dans ces constructions que des terres d'excellente qualité, et de battre les remblais avec le plus d'énergie possible.

Les terres que l'on doit préférer sont celles qui se composent principalement de sable argileux, avec une faible proportion d'argile, 25 à 30 p. 100 au plus.

Les remblais doivent être faits par couches horizontales de faible épaisseur. Pour que le battage ait l'énergie nécessaire, il convient de ne donner que $0^m,10$ d'épaisseur aux couches de remblai.

Le battage doit être fait avec la même énergie sur toute la surface de la digue. Il faut bien se garder surtout de compter sur le passage des voitures pour opérer la compression des terres.

Enfin il est nécessaire de mettre les terres de la digue à l'abri des eaux du réservoir; et quelque disposition que l'on adopte pour le revêtement du talus intérieur, ce revêtement doit être construit en maçonnerie hydraulique.

Ces précautions n'ont pas toujours été prises dans la construction des digues de réservoir existantes. Leur inobservation est sans doute la cause des dégradations que quelques-uns de ces ouvrages ont subies et de celles qu'ils pourront éprouver dans l'avenir.

C'est encore au moyen de cloisons transversales établies dans l'intérieur des digues que l'on remédiera le plus efficacement à ces dégradations.

Les cloisons doivent être construites avec mortier hydraulique, afin d'éviter l'introduction de l'eau du réservoir dans l'intérieur de la digue.

La forme à donner à ces cloisons dépend d'ailleurs de la nature de l'accident à réparer et du degré de solidité que présentent les remblais de la digue.

Ce que l'on peut dire d'une manière générale, c'est que pour peu que l'on conserve de doute sur la solidité des remblais, il est prudent de ne pas appuyer les cloisons transversales sur les terres de la digue, mais de leur faire traverser toute la masse des remblais pour les fonder sur le terrain naturel solide.

Paris, 28 novembre 1874.

Extrait des *Annales des ponts et chaussées*, 1875, 2e sem., tome X.

Paris. — Imprimerie Arnous de Rivière et Cie, rue Racine, 26.

On trouve à la même librairie :

Nouvelles Annales de la construction. Publication rapide et économique des documents les plus récents et les plus intéressants relatifs à la construction française et étrangère, présentant avec des cotes multipliées, des détails de construction, de disposition et d'assemblage pour toutes les parties importantes. — destinées aux Ingénieurs, Architectes, Conducteurs, Agents voyers, Élèves des Écoles, Entrepreneurs, ouvriers. Dirigées par G. A. OPPERMANN, ancien ingénieur des ponts et chaussées.

Il paraît tous les mois, depuis le 1er janvier 1855, une livraison de 4 à 6 planches (28 sur 38), contenant de nombreuses cotes et leur légende explicative ; plus 2 à 4 pages de texte (même format que les planches) à deux colonnes, avec tableaux et figures intercalées. Le tome XX correspond à l'année 1874.

Prix de chaque année (1855 à 1860), devenue rare, cartonnée et rendue *franco*. . . . . 20 fr.

Nous laissons chaque année (1861 à 1873), cartonnée et rendue *franco*, à . . . . 18 fr.

Construction des ponts. Cours professé à l'École des ponts et chaussées, par M. MORANDIÈRE. 1re partie. In-4 et 53 planches. 40 fr.

Routine des ponts en maçonnerie, par M. DECOMBLE, ingénieur en chef des ponts et chaussées. In-4 et planches. 12 fr. 50

Calcul des ponts métalliques, par M. DE MONTDÉSIR, ingénieur en chef des ponts et chaussées. 2e édit. Grand in-4 avec planches et tableaux. 15 fr.

Travaux publics en Hollande, par M. CROISETTE-DESNOYERS, ingénieur en chef des ponts et chaussées. Grand in-4 et atlas de 28 planches. 40 fr.

Les chemins de fer en Angleterre, par M. MALÉZIEUX, ingénieur en chef des ponts et chaussées. In-4 avec 2 pl. Prix. 16 fr.

Constructions en fer. Équilibre stable, par CORDIER, architecte. Grand in-4 avec tableaux et vignettes, relié. 50 fr.

Appareils à vapeur de navigation, par M. LEDIEU, examinateur d'admission pour la marine. 3 grands vol. in-8 et atlas. 45 fr.

Manuel de l'ingénieur des ponts et chaussées, à l'usage des aspirants au grade d'ingénieur des ponts et chaussées et conforme au programme du 7 mars 1868.
Prix des 14 premiers fascicules. 180 fr. L'ouvrage sera complet très-prochainement. Il formera environ 20 fascicules et coûtera environ. 250 fr.

Métallurgie du fer. Cours professé à l'École des mines par M. GRUNER, inspecteur général des mines. Tome 1er.
Principes généraux. 1re partie. 30 fr.

Horlogerie. Traité complet, par MOINET. Nouvelle édition, avec un supplément donnant les progrès récents de la mécanique de précision, par M. DUBOIS, ingénieur des manufactures de l'État. 2 forts vol. in-8 relié. 40 fr.

Études hydrologiques sur les monts Jura, par M. LAMAIRESSE, ingénieur en chef des ponts et chaussées. In-4 et atlas en couleur. 20 fr.

Cours de géologie élémentaire et pratique, par M. S. MEUNIER, aide-naturaliste au Muséum. In-8, avec vignettes. 8 fr.

Revue de géologie pour les années 1860 à 1869, par MM. DELESSE, LANCEL et DE LAPPARENT. 8 vol. in-8. 40 fr.

Cours de minéralogie. 1re et 2e partie du tome II, par M. DES CLOIZEAUX, membre de l'Institut. 2 vol. in-8 et atlas. 30 fr.

Traité du chalumeau, traduit de l'américain de M. Cornwall, par M. TOULET, préparateur au Collège de France. Grand in-8 relié, avec vignettes et une planche de spectres. 25 fr.

Docimasie ou analyse chimique, par M. RIVOT, directeur du laboratoire de l'École des mines. 4 vol. grand in-8 et planches. 55 fr.

Chimie générale, par M. DEBRAY, examinateur pour l'École polytechnique. Tome Ier et 1re partie du t. II. 2 vol. in-8, avec vignettes. 24 fr.
Le deuxième et dernier fascicule du tome II sera donné gratis aux souscripteurs.

Chimie organique. Cours élémentaire, par M. BERTHELOT, membre de l'Institut, professeur au Collège de France et à l'École de pharmacie. In-8. 15 fr.

Chimie technologique et industrielle, par KNAPP, trad. par MM. DEBIZE et MÉRIJOT. Tome Ier et parties 1 et 2 du t. II. 2 vol. in-8, avec vign. et pl. 33 fr.

Cours de manipulations et de préparations chimiques, par M. CLOEZ, examinateur de sortie à l'École polytechnique. 2 vol. in-8 avec vignettes et planches (Sous presse).

Physique. Cours élémentaire, par MM. BOUTAN et D'ALMEIDA. 2 vol. in-8 avec vignettes. 18 fr.

9 782019 961138